T/CAGHPER 091—2024

目 次

前言 ⋯⋯ Ⅲ
引言 ⋯⋯ Ⅴ
1 范围 ⋯⋯ 1
2 规范性引用文件 ⋯⋯⋯⋯⋯⋯⋯⋯⋯⋯⋯⋯⋯⋯⋯⋯⋯⋯⋯⋯⋯⋯⋯⋯⋯⋯⋯⋯⋯⋯⋯⋯⋯⋯⋯⋯⋯ 1
3 术语和定义 ⋯⋯⋯⋯⋯⋯⋯⋯⋯⋯⋯⋯⋯⋯⋯⋯⋯⋯⋯⋯⋯⋯⋯⋯⋯⋯⋯⋯⋯⋯⋯⋯⋯⋯⋯⋯⋯⋯⋯ 1
4 目标、原则和要求 ⋯⋯⋯⋯⋯⋯⋯⋯⋯⋯⋯⋯⋯⋯⋯⋯⋯⋯⋯⋯⋯⋯⋯⋯⋯⋯⋯⋯⋯⋯⋯⋯⋯⋯⋯⋯ 2
　4.1 总体目标 ⋯⋯⋯⋯⋯⋯⋯⋯⋯⋯⋯⋯⋯⋯⋯⋯⋯⋯⋯⋯⋯⋯⋯⋯⋯⋯⋯⋯⋯⋯⋯⋯⋯⋯⋯⋯⋯⋯ 2
　4.2 基本原则 ⋯⋯⋯⋯⋯⋯⋯⋯⋯⋯⋯⋯⋯⋯⋯⋯⋯⋯⋯⋯⋯⋯⋯⋯⋯⋯⋯⋯⋯⋯⋯⋯⋯⋯⋯⋯⋯⋯ 2
　4.3 基本要求 ⋯⋯⋯⋯⋯⋯⋯⋯⋯⋯⋯⋯⋯⋯⋯⋯⋯⋯⋯⋯⋯⋯⋯⋯⋯⋯⋯⋯⋯⋯⋯⋯⋯⋯⋯⋯⋯⋯ 3
5 地质灾害隐患消除施工 ⋯⋯⋯⋯⋯⋯⋯⋯⋯⋯⋯⋯⋯⋯⋯⋯⋯⋯⋯⋯⋯⋯⋯⋯⋯⋯⋯⋯⋯⋯⋯⋯⋯ 3
　5.1 施工方法 ⋯⋯⋯⋯⋯⋯⋯⋯⋯⋯⋯⋯⋯⋯⋯⋯⋯⋯⋯⋯⋯⋯⋯⋯⋯⋯⋯⋯⋯⋯⋯⋯⋯⋯⋯⋯⋯⋯ 3
　5.2 单价影响因素 ⋯⋯⋯⋯⋯⋯⋯⋯⋯⋯⋯⋯⋯⋯⋯⋯⋯⋯⋯⋯⋯⋯⋯⋯⋯⋯⋯⋯⋯⋯⋯⋯⋯⋯⋯⋯ 3
　5.3 预算定额 ⋯⋯⋯⋯⋯⋯⋯⋯⋯⋯⋯⋯⋯⋯⋯⋯⋯⋯⋯⋯⋯⋯⋯⋯⋯⋯⋯⋯⋯⋯⋯⋯⋯⋯⋯⋯⋯⋯ 4
6 水土环境整治施工 ⋯⋯⋯⋯⋯⋯⋯⋯⋯⋯⋯⋯⋯⋯⋯⋯⋯⋯⋯⋯⋯⋯⋯⋯⋯⋯⋯⋯⋯⋯⋯⋯⋯⋯⋯⋯ 8
　6.1 施工方法 ⋯⋯⋯⋯⋯⋯⋯⋯⋯⋯⋯⋯⋯⋯⋯⋯⋯⋯⋯⋯⋯⋯⋯⋯⋯⋯⋯⋯⋯⋯⋯⋯⋯⋯⋯⋯⋯⋯ 8
　6.2 单价影响因素 ⋯⋯⋯⋯⋯⋯⋯⋯⋯⋯⋯⋯⋯⋯⋯⋯⋯⋯⋯⋯⋯⋯⋯⋯⋯⋯⋯⋯⋯⋯⋯⋯⋯⋯⋯⋯ 8
　6.3 预算定额 ⋯⋯⋯⋯⋯⋯⋯⋯⋯⋯⋯⋯⋯⋯⋯⋯⋯⋯⋯⋯⋯⋯⋯⋯⋯⋯⋯⋯⋯⋯⋯⋯⋯⋯⋯⋯⋯⋯ 8
7 人工修复施工 ⋯⋯⋯⋯⋯⋯⋯⋯⋯⋯⋯⋯⋯⋯⋯⋯⋯⋯⋯⋯⋯⋯⋯⋯⋯⋯⋯⋯⋯⋯⋯⋯⋯⋯⋯⋯⋯⋯ 9
　7.1 施工方法 ⋯⋯⋯⋯⋯⋯⋯⋯⋯⋯⋯⋯⋯⋯⋯⋯⋯⋯⋯⋯⋯⋯⋯⋯⋯⋯⋯⋯⋯⋯⋯⋯⋯⋯⋯⋯⋯⋯ 9
　7.2 单价影响因素 ⋯⋯⋯⋯⋯⋯⋯⋯⋯⋯⋯⋯⋯⋯⋯⋯⋯⋯⋯⋯⋯⋯⋯⋯⋯⋯⋯⋯⋯⋯⋯⋯⋯⋯⋯⋯ 10
　7.3 预算定额 ⋯⋯⋯⋯⋯⋯⋯⋯⋯⋯⋯⋯⋯⋯⋯⋯⋯⋯⋯⋯⋯⋯⋯⋯⋯⋯⋯⋯⋯⋯⋯⋯⋯⋯⋯⋯⋯⋯ 10
8 自然恢复辅助施工 ⋯⋯⋯⋯⋯⋯⋯⋯⋯⋯⋯⋯⋯⋯⋯⋯⋯⋯⋯⋯⋯⋯⋯⋯⋯⋯⋯⋯⋯⋯⋯⋯⋯⋯⋯⋯ 13
　8.1 施工方法 ⋯⋯⋯⋯⋯⋯⋯⋯⋯⋯⋯⋯⋯⋯⋯⋯⋯⋯⋯⋯⋯⋯⋯⋯⋯⋯⋯⋯⋯⋯⋯⋯⋯⋯⋯⋯⋯⋯ 13
　8.2 单价影响因素 ⋯⋯⋯⋯⋯⋯⋯⋯⋯⋯⋯⋯⋯⋯⋯⋯⋯⋯⋯⋯⋯⋯⋯⋯⋯⋯⋯⋯⋯⋯⋯⋯⋯⋯⋯⋯ 13
　8.3 预算定额 ⋯⋯⋯⋯⋯⋯⋯⋯⋯⋯⋯⋯⋯⋯⋯⋯⋯⋯⋯⋯⋯⋯⋯⋯⋯⋯⋯⋯⋯⋯⋯⋯⋯⋯⋯⋯⋯⋯ 13
9 修复成效监测 ⋯⋯⋯⋯⋯⋯⋯⋯⋯⋯⋯⋯⋯⋯⋯⋯⋯⋯⋯⋯⋯⋯⋯⋯⋯⋯⋯⋯⋯⋯⋯⋯⋯⋯⋯⋯⋯⋯ 14
　9.1 监测方法 ⋯⋯⋯⋯⋯⋯⋯⋯⋯⋯⋯⋯⋯⋯⋯⋯⋯⋯⋯⋯⋯⋯⋯⋯⋯⋯⋯⋯⋯⋯⋯⋯⋯⋯⋯⋯⋯⋯ 14
　9.2 单价影响因素 ⋯⋯⋯⋯⋯⋯⋯⋯⋯⋯⋯⋯⋯⋯⋯⋯⋯⋯⋯⋯⋯⋯⋯⋯⋯⋯⋯⋯⋯⋯⋯⋯⋯⋯⋯⋯ 14
　9.3 预算定额 ⋯⋯⋯⋯⋯⋯⋯⋯⋯⋯⋯⋯⋯⋯⋯⋯⋯⋯⋯⋯⋯⋯⋯⋯⋯⋯⋯⋯⋯⋯⋯⋯⋯⋯⋯⋯⋯⋯ 14
10 修复工程施工预算 ⋯⋯⋯⋯⋯⋯⋯⋯⋯⋯⋯⋯⋯⋯⋯⋯⋯⋯⋯⋯⋯⋯⋯⋯⋯⋯⋯⋯⋯⋯⋯⋯⋯⋯⋯ 17
　10.1 预算测算方法 ⋯⋯⋯⋯⋯⋯⋯⋯⋯⋯⋯⋯⋯⋯⋯⋯⋯⋯⋯⋯⋯⋯⋯⋯⋯⋯⋯⋯⋯⋯⋯⋯⋯⋯⋯ 17
　10.2 地区调整系数 ⋯⋯⋯⋯⋯⋯⋯⋯⋯⋯⋯⋯⋯⋯⋯⋯⋯⋯⋯⋯⋯⋯⋯⋯⋯⋯⋯⋯⋯⋯⋯⋯⋯⋯⋯ 17

11 间接费用预算	19
11.1 前期费用预算	19
11.2 中后期费用预算	20

前言

本标准按照 GB/T 1.1—2020《标准化工作导则 第1部分:标准化文件的结构和起草规则》的规定起草。

本标准由中国地质灾害防治与生态修复协会(CAGHP)提出并归口管理。

本标准起草单位:中国地质调查局环境监测院、江苏绿岩生态技术股份有限公司。

本标准主要起草人:孙伟、张德强、白光宇、张波、王议、何培雍、丁芙蓉。

本标准由中国地质灾害防治与生态修复协会负责解释。

引 言

为了提升矿山生态修复项目质量,规范矿山生态修复项目预算编制,确保矿山生态修复项目资金合理、高效利用,保障矿山生态修复工作科学、高效地开展,为矿山生态修复项目资金监督、管理提供依据,根据国家有关法律、法规及有关文件要求,遵循以自然恢复为主、人工修复为辅的原则,按照消除安全隐患、保护水土环境、恢复生态功能、兼顾景观改善的矿山生态修复施工次序,坚持鼓励技术方法创新、避免浪费项目资金、保证修复质量的要求,保证矿山生态修复技术方法选择准确、修复成效可持续、经济指标优良,制定本标准。

T/CAGHPER 091—2024

矿山生态修复项目预算标准(试行)

1 范围

本标准规定了矿山生态修复项目中地质灾害隐患消除、水土环境整治、人工修复、自然恢复辅助施工、修复成效监测中单项技术的施工方法、单价影响因素和预算定额,以及地区调整系数和项目间接费用等计提比例和计算方法。

本标准适用于矿山生态修复项目全额预算编制,山水林田湖草沙生态保护修复项目预算编制可参照执行。

2 规范性引用文件

下列文件中的内容通过文中的规范性引用而构成本标准必不可少的条款。其中,凡是注明日期的引用文件,仅该日期对应的版本适用于本标准;不注明日期的引用文件,其最新版本(包括所有的修改单)适用于本标准。

GB 2715　粮食卫生标准
GB 15618　土壤环境质量　农用地土壤污染风险管控标准(试行)
GB 50007　建筑地基基础设计规范
GB/T 50011　建筑抗震设计规范
GB 50288　灌溉与排水工程设计规范
GB/T 16453　水土保持综合治理　技术规范
GB/T 18337.2　生态公益林建设　规划设计通则
GB/T 18337.4　生态公益林建设　检查验收规程
GB/T 50596　雨水集蓄利用工程技术规范
DZ/T 0287　矿山地质环境监测技术规程
JTG/T 3832　公路工程预算定额规范
NY/T 1342　人工草地建设技术规程
NY/T 1607　造林作业设计规程
TD/T 1033　高标准基本农田建设标准
TD/T 1036　土地复垦质量控制标准
TD/T 1068　国土空间生态保护修复工程实施方案编制规程
TD/T 1070.1　矿山生态修复技术规范 第1部分:通则
地质调查项目预算标准(2021)

3 术语和定义

下列术语和定义适用于本标准。

3.1
矿山生态修复 mine ecological restoration
在消除地质灾害隐患的基础上,对因矿产资源开采活动造成的土地损毁、植被破坏、水土环境污染等矿山生态问题进行治理,使矿山地质环境达到稳定、损毁土地得到复垦和利用、破坏的植被得到恢复、水土环境得到治理、矿山生态系统功能得到恢复和改善的有效活动和措施。

3.2
地质灾害隐患消除 elimination of geohazards
指采用削坡卸载、土石填充等技术方法,治理矿产资源开采过程中产生的不稳定边坡、危岩体、采空区等,避免在矿山生态修复工程实施中及之后再发生崩塌、滑坡、地面塌陷等地质灾害。

3.3
人工修复 manual restoration
在消除地质灾害隐患的基础上,采用地貌、土壤、水系、植被等重新构建的技术方法,人为帮助矿山生态系统功能恢复和改善的有组织、有计划活动。

3.4
自然恢复辅助 natural restoration support
在消除地质灾害隐患的基础上,采用封育围栏、设立警示标牌等措施,帮助矿山生态系统功能自我恢复的活动。

3.5
修复成效监测 restoration effect monitoring
在矿山生态修复施工过程中及修复施工结束后,采用遥感解译、无人机航测、人工监测等方法,掌握矿山生态修复工程进展,修复效果在时间上、空间上的变化情况。

3.6
地区调整系数 regional adjustment factor
综合分析生态修复矿山所处区域的地理位置、地形地貌、气候特征等,并结合当地经济发展水平,按行政区划测算矿山生态修复成本相对于全国平均定额的高低水平。

4 目标、原则和要求

4.1 总体目标

综合考虑矿山生态修复项目实施过程中成本支出,通过规定矿山生态修复单项技术方法预算定额、地区调整系数、项目间接费用等,规范矿山生态修复预算编制。为确保矿山生态修复项目资金合理、有效使用,推动矿山生态修复工作科学、合理、经济、高效地开展提供支撑。

4.2 基本原则

4.2.1 科学可行,避免浪费。矿山生态修复应做到方法科学、技术可行,在消除地质灾害隐患的基础上,以自然恢复为主,人工修复为辅,避免铺张浪费,杜绝"盆景"工程。

4.2.2 技术先进,经济合理。矿山生态修复应采用成熟并普遍推广的新理念、新技术、新方法、新材料,预算依据当前大多数施工企业的生产施工和经营管理的成本核算。

4.2.3 顺应自然,因地制宜。矿山生态修复技术方法选择应重视生态系统的自我调节能力,不宜过多遗留人工修复工程"痕迹",尽可能地保证修复后的矿山与周边环境融为一体。

4.2.4 物尽其用，就地取材。削坡卸载产生和渣石土场内堆积的砂石土料，应优先进行资源化利用，并应用到矿山生态修复工程中，减少工程实施中砂石土料的采购量，降低采购和异地运输成本。

4.3 基本要求

4.3.1 矿山生态修复项目预算包括直接费用预算和间接费用预算：直接费用预算为工程施工预算；间接费用预算分为可行性研究、设计方案编制、招标代理、工程监理、竣工验收、业主管理等预算。

4.3.2 矿山生态修复工程施工预算根据成本法和要素法综合测算：成本法综合考虑材料费、人工费、交通费、测试费、租赁费、税费、管理费等；要素法主要考虑矿山生态修复面积、难易程度、材料品质、运输距离、气候条件、经济发展水平等。

4.3.3 工程施工单项预算按工程量、材料单价等分项施工手段和方法确定。矿山生态修复工程施工预算分地质灾害隐患消除施工、水土环境整治施工、人工修复施工、自然恢复辅助施工、修复成效监测等方面，按照施工面积、方量，以及耗材类型、测试项目等确定综合单价。

4.3.4 主要材料(钢筋、水泥、石料、土壤、柴油、汽油、植被苗籽等)预算价格采用限价，其他材料预算价格可参考工程所在地区的工业与民用建筑安装工程材料市场价格。受市场价格波动影响主要材料市场价格高于(或低于)本标准的20％时，主要材料可按市场价格进行预算，在预算编制说明中应单独说明。

4.3.5 未单独明确材料的计量单位和综合单价的，应按包工包料计算成本。

4.3.6 考虑地区经济发展水平差异，以及地形地貌、气候特征等决定矿山生态修复难易程度的影响因素，按行政区划确定矿山生态修复工程施工预算地区调整系数。

4.3.7 根据矿山生态修复项目总预算或者工程施工费规模，分段按比例计提间接费用预算。

5 地质灾害隐患消除施工

5.1 施工方法

5.1.1 地质灾害隐患消除施工包括露天采场边坡治理、露天采场回填、地面塌陷治理、废弃渣石土场治理、配套工程、工程勘查。

5.1.2 露天采场边坡治理施工包括削坡卸载、回填压脚、锚杆(索)加固、挂网防护、修挡土墙、修排水沟。

5.1.3 露天采场回填施工包括土石填充、蓄水、含水层再造、覆盖表土。

5.1.4 地面塌陷治理施工包括挖高填洼(挖深垫浅)、积水疏排、塌陷区回填、采空区填充、地表裂缝治理。

5.1.5 废弃渣石土场治理包括修整坡体、格框植生坡护、覆土绿化、防渗处理、修挡土墙、修排水沟。

5.1.6 配套工程包括道路铺设、河道清淤及水系疏通、机械平整。

5.1.7 工程勘查包括场地测量、地质测量。

5.2 单价影响因素

5.2.1 露天采场边坡治理削坡卸载单价制定影响因素为坡度和高差大小、坡体物质组成和风化程度；回填压脚单价制定影响因素为回填料类型；锚杆(索)加固单价制定影响因素为锚杆(索)的材质、制作及安装工艺；挂网防护单价制定影响因素为防护类型、材质、安装工艺；修挡土墙和排水沟单价制定影响因素为挡土墙和排水沟的制式、材质、规模。

5.2.2 露天采场回填单价制定影响因素为填充土石料体积、运输距离，以及是否进行含水层再造。

5.2.3
地面塌陷治理单价制定影响因素为塌陷区挖高填注和回填的体积、采空区填充的方式和体积。

5.2.4
废弃渣石土场治理单价制定影响因素为场地清理、坡面整修、原地掩埋的面积，以及是否施工底衬，做防渗处理。

5.2.5
配套工程中道路铺设单价制定影响因素为路基处理和路面材质。

5.2.6
工程勘查单价制定影响因素主要为场地条件，即地形起伏度、地质条件。

5.3 预算定额

地质灾害隐患消除施工预算定额，见表1。

表 1 地质灾害隐患消除施工预算定额表

序号	工程名称	计量单位	综合单价/元	备注
一	露天采场边坡治理			
(一)	削坡卸载			
1	土质边坡	m³	25	总坡高大于60 m，按1.10倍计；总坡高大于100 m，按1.20倍计；总坡高大于150 m，按1.30倍计
2	中强风化石质边坡	m³	40	
3	弱风化石质边坡	m³	55	
(二)	回填压脚			
1	回填石料	m³	22	
2	回填土料	m³	15	
(三)	锚杆(索)加固			
1	锚杆(土钉)钻孔、灌浆			
(1)	钢筋	100 m	1 680	
(2)	钢管	100 m	1 460	
2	锚杆(土钉)制作、安装			
(1)	钢筋	t	3 340	
(2)	钢管	t	3 770	
(四)	挂网防护	m²	32	
1	主动防护网			
(1)	材料费	m²	24	
(2)	安装费	m²	35	总坡高大于80 m，按1.10倍计；总坡高大于200 m，按1.15倍计
2	被动防护网			
(1)	材料费	m²	120	
(2)	安装费	m²	60	总坡高大于80 m，按1.10倍计；总坡高大于200 m，按1.15倍计
(五)	修挡土墙			
1	重力式挡土墙	m³	480	

表 1 地质灾害隐患消除施工预算定额表（续）

序号	工程名称	计量单位	综合单价/元	备注
2	薄壁式挡土墙	m³	560	
3	锚杆挡土墙	m³	610	
4	加筋土挡土墙	m³	500	
（六）	修排水沟			
1	浆砌石排水沟	m	110	
2	水泥预制件排水沟	m	80	规格不小于 U400 mm×400 mm
3	树脂排水沟	m	88	
4	混凝土排水沟	m	155	规格不小于 U400 mm×400 mm
5	近自然恢复排水沟	m	35	包括草皮排水沟、生物砖排水沟、生态袋排水沟等
二	露天采场回填			
（一）	土石填充	m³	33	
（二）	蓄水			
1	防渗处理			
（1）	土工布	m²	20	厚度不小于 2.0 mm
（2）	HDPE 膜	m²	150	厚度不小于 2.0 mm
2	岸坡防护			
（1）	钢筋混凝土格构	m²	220	
（2）	浆砌石块	m²	80	
（三）	含水层再造	m³	75	松散砂砾层厚度应大于 50 cm，隔水黏土层厚度应大于 20 cm
（四）	覆盖表土	m²	6	
三	地面塌陷治理			
（一）	挖高填洼（挖深垫浅）	100 m³	380	
（二）	积水疏排	100 m³	100	
（三）	塌陷区回填	100 m³	220	
（四）	采空区填充			
1	井下矸石填充	m³	70	
2	注浆水泥填充	m³	90	
（五）	地表裂缝治理			
1	土石填充	m³	35	
2	注浆水泥填充	m³	50	
四	废弃渣石土场治理			
（一）	修整坡体	m²	10	达到稳定坡型

表 1 地质灾害隐患消除施工预算定额表(续)

序号	工程名称	计量单位	综合单价/元	备注
(二)	格框植生坡护	m²	120	
(三)	覆土绿化	m²	40	
(四)	防渗处理	m²	280	
(五)	修挡土墙			
1	重力式挡土墙	m³	480	
2	薄壁式挡土墙	m³	560	
(六)	修排水沟			
1	水泥预制排水沟	m³	55	规格不小于 U300 mm×300 mm
2	砖石浆砌排水沟	m³	52	过水断面不小于 300 mm×300 mm
3	树脂排水沟	m	60	规格不小于 U300 mm×300 mm
4	硬PVC管	m	30	管径大于 250 mm
五	材料购置费			
(一)	钢筋	t	3 500	
(二)	水泥	t	300	
(三)	石料	m³	80	
(四)	壤土	m³	3 000	
(五)	汽油	t	11 000	
(六)	柴油	t	6 500	
六	配套工程			
(一)	道路铺设	m²		
1	砂石道路	m²	90	
2	水泥混凝土道路	m²	230	
3	沥青道路	m²	120	
(二)	河道清淤及水系疏通	m³	50	
(三)	机械平整	m²	5	
七	砂石土料运输及装卸			
(一)	距离(L)≤10 km	t	16	车辆负重且平均坡度大于 36% 时,按 1.15 倍计
(二)	10 km＜距离(L)≤20 km	t	22	
(三)	距离(L)＞20 km	t	30	
八	工程勘查			满足地质调查项目预算标准(2021)要求
(一)	场地测量(精度大于1:500)			
1	场地条件Ⅰ级	km²	43 635	平原区或者比高在 100 m 以内的丘陵区,通视条件好,交通比较便利

表1 地质灾害隐患消除施工预算定额表(续)

序号	工程名称	计量单位	综合单价/元	备注
2	场地条件Ⅱ级	km²	56 724	比高在100 m~200 m之间的丘陵区,有少量的冲沟。通视条件较差,交通较不便利
3	场地条件Ⅲ级	km²	76 576	比高在200 m以上的丘陵、山地或者沙漠区,海拔1 500 m以上,交通不便利
(二)	地质测量			
1	专项工程地质测量(精度大于1:500)			
(1)	场地条件Ⅰ级	km²	21 376	地形起伏不大,地貌和地质构造单一,地层简单、岩相稳定
(2)	场地条件Ⅱ级	km²	26 719	地形起伏较大,地质和构造较复杂,岩相较不稳定
(3)	场地条件Ⅲ级	km²	32 059	地形起伏变化剧烈,地质和构造复杂,岩相不稳定
2	专项环境地质测量(精度大于1:500)			
(1)	场地条件Ⅰ级	km²	18 090	地形起伏不大,地貌和地质构造单一,地层简单、岩相稳定,地下水流场和水质保持原生状态
(2)	场地条件Ⅱ级	km²	22 573	地形起伏较大,地质和构造较复杂,岩相较不稳定,地下水流场和水质受到人为活动一定影响
(3)	场地条件Ⅲ级	km²	28 380	地形起伏变化剧烈,地质和构造复杂,岩相不稳定,地下水流场和水质受到人为活动较大影响
3	专项地质灾害测量(精度大于1:500)			
(1)	场地条件Ⅰ级	km²	18 870	地形起伏不大,地貌和地质构造单一,地层简单、岩相稳定,地质灾害类型少、规模小、危险性低
(2)	场地条件Ⅱ级	km²	23 547	地形起伏较大,地质和构造较复杂,岩相较不稳定,地质灾害类型较多、规模中等、危险性较大
(3)	场地条件Ⅲ级	km²	29 604	地形起伏变化剧烈,地质和构造复杂,岩相不稳定,地质灾害类型多、规模大、危险性大

6 水土环境整治施工

6.1 施工方法

6.1.1 水环境整治包括水体截排和收集、酸性水体和重金属污染水及其他污染水体处理；土壤环境整治包括污染土壤处理、土壤结构修复、土壤改良。

6.1.2 水体截排和收集施工包括修建截排水渠和集水池。

6.1.3 酸性水体和重金属污染水及其他污染水体处理方法包括物理法、化学法、生物法。

6.1.4 污染土壤处理方法包括物理法、化学法、生物法。

6.1.5 土壤结构修复方法包括土壤耕作、覆盖表土、人工造土。

6.1.6 土壤改良方法包括粒度分选、添加基质。

6.2 单价影响因素

6.2.1 水体截排和收集施工单价制定影响因素为截排渠系和集水池的材质、规格，以及底衬材质。

6.2.2 酸性水体和重金属污染水及其他污染水体处理单价制定影响因素为预处理水体的体积、添加药剂品种和剂量、采用辅料的材质和数量。

6.2.3 污染土壤处理单价制定影响因素为清除污染土壤体积和覆盖新土的体积及土类、阻隔填埋的体积和阻隔材质、固化或稳定化的体积和固化辅材、电化学处理的体积和辅材、土壤淋洗的体积、动物修复及原位微生物修复的体积。

6.2.4 土壤结构修复单价制定影响因素为土壤耕作的体积、覆盖表土的体积以及表土类型、人工造土的体积和类型。

6.2.5 土壤改良方法单价制定影响因素为粒度分选土壤的体积、添加基质的类型。

6.3 预算定额

水土环境整治预算定额，见表2。

表 2 水土环境整治预算定额表

序号	工程名称	计量单位	综合单价/元	备注
一	水体截排和收集			
1	修建截排水渠			
(1)	水泥预制式暗渠	m	80	
(2)	砖石浆砌式暗渠	m	82	
(3)	硬PVC管排水	m	30	内径不小于200 cm，厚度不小于5 mm
2	修建集水池			
(1)	砖砌水泥池	m^3	280	
(2)	铁皮集水池	m^3	120	
(3)	塑料集水池	m^3	62	

表 2 水土环境整治预算定额表(续)

序号	工程名称	计量单位	综合单价/元	备注
二	酸性水体和重金属污染水及其他污染水体处理			
1	酸性水处理	m³	160	
2	重金属污染水处理	m³	90	
3	其他污染水处理	m³	60	
三	污染土壤处理			
1	清除污染土壤	m³	10	
2	覆盖新土	m³	18	
3	阻隔填埋	m³	32	
4	固化或稳定化	m³	26	
5	电化学处理	m³	20	
6	土壤淋洗	m³	35	
7	动物修复	m³	6	
8	原位微生物修复	m³	12	
四	土壤结构修复			
1	土壤耕作	m³	10	
2	覆盖表土			
(1)	覆盖腐质层土	m³	20	
(2)	覆盖母质层土	m³	16	
(3)	覆盖渣土	m³	4	
3	人工造土			
(1)	造腐质层土	m³	30	
(2)	造母质层土	m³	15	
五	土壤改良			
1	粒度分选	m³	2	
2	添加基质	m³	10	

7 人工修复施工

7.1 施工方法

7.1.1 人工修复施工包括边坡复绿、露天采场和地表塌陷复绿、灌溉系统建设、人工养护。

7.1.2 边坡复绿施工包括铺挂生态袋、挂网喷浆、客土喷播、客土回填压实、弱风化岩面开挖平台种植穴、铺植生毯、种植植被。

7.1.3 露天采场和地表塌陷复绿施工包括地貌整形、土壤重构、土壤改良、种植植被。

7.1.4
灌溉系统建设包括修水渠、修集水池、修提水泵站房、铺设水管、施工机井。

7.1.5
人工养护包括翻土、施肥、浇灌、间伐、修剪及有害生物防控。

7.2 单价影响因素

7.2.1
边坡复绿单价制定影响因素为铺挂生态袋、挂网喷浆、客土喷播、种植植被的面积或体积，以及种植植被的种类。

7.2.2
露天采场和地表塌陷复绿单价制定影响因素为地貌和土壤重构的类型及规模，以及土壤改良的方法和面积。

7.2.3
灌溉系统建设单价制定影响因素为修建水渠和铺设水管的长度、修集水池的规模、修提水泵站房的规模、施工机井的深度。

7.2.4
绿植购买单价制定影响因素为植物种类、胸径、株高。

7.2.5
植被种植和植被养护单价制定影响因素为植被的类型、工区所处地形，以及植被成活率。

7.3 预算定额

人工修复施工预算定额，见表3。

表3 人工修复施工预算定额表

序号	工程名称	计量单位	综合单价/元	备注
一	边坡复绿			
1	铺挂生态袋	100 m²	400	
2	挂网喷浆	m²	150	
3	客土喷播	m³	63	
4	客土回填压实	m³	45	
5	弱风化岩面开挖平台种植穴	m³	36	总坡高大于60 m，按1.10倍计；总坡高大于100 m，按1.20倍计；总坡高大于150 m，按1.30倍计
6	铺植生毯	100 m²	120	
7	种植植被			
(1)	草本	hm²	1 800	
(2)	藤本	株	4	
(3)	灌木	株	12	
(4)	乔木	株	38	
二	露天采场和地表塌陷复绿			
(一)	地貌整形			
1	恢复成自然地貌	hm²	9 000	满足GB/T 16453要求
2	恢复成景观用地	hm²	21 000	
3	恢复成建设用地	hm²	17 200	满足GB 50007、GB/T 50011要求
(二)	土壤重构			
1	恢复成耕地	hm²	38 000	满足GB 50288、TD/T 1033、TD/T 1036、GB 15618要求

表3 人工修复施工预算定额表（续）

序号	工程名称	计量单位	综合单价/元	备注
2	恢复成园地	hm²	26 000	满足 GB 50288、GB/T 16453、GB 15618 要求
3	恢复成草地	hm²	18 000	满足 NY/T 1342 要求
4	恢复成林地	hm²	22 000	满足 GB/T 18337.2、GB/T 18337.4、NY/T 1607 要求
（三）	土壤改良			
1	结构改良			
（1）	物理方法	m³	10	
（2）	化学方法	m³	25	
2	肥力改良			
（1）	添加肥料	hm²	3 000	
（2）	原地沤肥	hm²	1 000	
3	活力改良			
（1）	补充微生物菌剂	hm²	760	
（2）	添加土壤调理剂	hm²	1 400	
（四）	种植植被			
1	草本	hm²	1 200	
2	藤本	株	2	
3	灌木	株	4	
4	乔木	株	16	
三	灌溉系统建设			
1	修水渠			满足 GB 50288 要求
（1）	浆砌石水渠	m	160	
（2）	水泥预制件水渠	m	120	
（3）	树脂水渠	m	96	
（4）	混凝土水渠	m	280	
2	修集水池	m²	380	满足 GB/T 50596 要求
3	修提水泵站房	个	4 200	
4	铺设水管	m	30	
5	施工机井			
（1）	井深≤15 m	眼	120 000	井径≤300 mm，井管为钢管、铸铁管、水泥石棉管
（2）	15 m＜井深≤60 m	眼	260 000	
（3）	井深＞60 m	眼	450 000	
四	材料购置费			

表3 人工修复施工预算定额表（续）

序号		工程名称	计量单位	综合单价/元	备注
四		客土购买			
（一）	1	壤土	t	3 000	
	2	砂质土	t	1 800	
	3	黏质土	t	1 200	
（二）		土壤改良剂			
	1	有机肥	t	620	
	2	微生物菌剂	t	1 500	
	3	土壤调理剂	t	900	
（三）		绿化辅料			
	1	生态袋	100 条	200	
	2	植生毯	100 m²	1 200	
	3	主动网	m²	24	
五		绿植购买及种植			
	1	乔木（胸径3 cm～5 cm）	株	230	
	2	灌木（株高0.2 m～0.3 m）	株	36	
	3	藤本	株	18	
	4	草籽	kg	40	
六		材料运输及装卸			
（一）		客土			
	1	距离（L）≤10 km	t	16	车辆负重且平均坡度大于36%时，按1.15倍计
	2	10 km＜距离（L）≤20 km	t	22	
	3	距离（L）＞20 km	t	30	
（二）		草籽、生态袋、植生毯、有机肥及土壤改良剂			
	1	距离（L）≤30 km	m³	12	车辆负重且平均坡度大于36%时，按1.15倍计
	2	30 km＜距离（L）≤80 km	m³	18	
	3	距离（L）＞80 km	m³	22	
（三）		藤本、灌木、乔木			
	1	距离（L）≤30 km	m³	16	
	2	30 km＜距离（L）≤80 km	m³	23	
	3	距离（L）＞80 km	m³	28	
七		植被养护			
（一）		草本养护			
	1	坡地草本	hm²/a	3 200	成活率不低于80%

表3 人工修复施工预算定额表(续)

序号	工程名称	计量单位	综合单价/元	备注
2	平地草本	hm²/a	1 800	成活率不低于90%
(二)	藤本养护			
1	坡地藤本	100株/a	25	成活率不低于85%
2	平地藤本	100株/a	16	成活率不低于92%
(三)	灌木养护			
1	坡地灌木	100株/a	40	成活率不低于85%
2	平地灌木	100株/a	26	成活率不低于92%
(四)	乔木养护			
1	坡地乔木	100株/a	80	成活率不低于90%

8 自然恢复辅助施工

8.1 施工方法

8.1.1 自然恢复辅助施工包括封育围栏、设立警示标牌。
8.1.2 封育围栏施工包括制作桩墩、设置围挡。
8.1.3 设立警示标牌施工包括修建基座、标牌设计及制作。

8.2 单价影响因素

8.2.1 封育围栏单价制定影响因素为制作桩墩的型材和规格,设置围挡的型材和面积。
8.2.2 设立警示标牌单价制定影响因素为修建基座的规模,标牌设计和制作型材、面积。

8.3 预算定额

自然恢复辅助施工预算定额,见表4。

表4 自然恢复辅助施工预算定额表

序号	工程名称	计量单位	综合单价/元	备注
一	封育围栏			
(一)	制作桩墩			
1	水泥	根	10	高度1.5 m~1.8 m,直径9 mm~12 mm,柱间的距离8 m~12 m
2	石料	根	33	高度1.8 m~2.2 m,直径不小于48 mm,壁厚一般为2.0 mm~2.5 mm,柱间的距离2.5 m~3.0 m
3	木料	根	25	
(二)	设置围挡			
1	铁丝网	m²	26	孔距一般50 mm×50 mm
2	浸塑丝网	m²	32	

表4 自然恢复辅助施工预算定额表(续)

序号	工程名称	计量单位	综合单价/元	备注
二	设立警示标牌			
(一)	修建基座	m^3	256	
(二)	标牌设计及制作			
1	PVC塑料	m^2	30	
2	不锈钢	m^2	7 800	高度1.8 m~2.2 m,宽度2.5 m~4.0 m,宽高比一般为4:3,厚度10 cm~15 cm
3	铝板	m^2	1 800	
4	铝塑板	m^2	50	
5	亚克力	m^2	2 000	

9 修复成效监测

9.1 监测方法

9.1.1 修复成效监测方法为遥感监测、无人机监测、人工监测。

9.1.2 遥感监测包括遥感数据购置及处理、植被指数分析、遥感解译报告编制。

9.1.3 无人机监测包括正射摄影、倾斜摄影、无人机监测报告编制。

9.1.4 人工监测包括植被长势监测、生物多样性监测、水质监测、水位监测、生物样分析、边坡稳定性监测、土壤环境监测、土壤质量监测、土壤肥力监测。

9.2 单价影响因素

9.2.1 遥感监测单价制定影响因素为遥感数据购置和遥感影像解译、分析的面积,图件编绘数量,以及遥感解译报告编制的人工、复印、打印装订、耗材、专家咨询费等成本。

9.2.2 无人机监测单价制定影响因素为正射摄影、倾斜摄影的面积,图件编绘数量,以及无人机监测报告编制的人工、复印、打印、耗材等成本。

9.2.3 人工监测单价制定影响因素为植被长势监测,生物多样性监测的面积,水、土、生物样品采集数量和分析项目,人工监测报告编制的人工、复印、打印装订、耗材、专家咨询费等成本。

9.3 预算定额

修复成效监测预算定额,见表5。

表5 修复成效监测预算定额表

序号	工程名称	计量单位	综合单价/元	备注
一	遥感监测			
(一)	遥感数据购置及处理	km^2	600	空间分辨率优于1 m,正射处理
(二)	植被指数分析	$100\ km^2$	8 000	主要分析归一化差异植被指数(normalized difference vegetation index,NDVI)、裸露土壤表面的干旱地区建议分析土壤调节植被指数(soil adjusted vegetation index,SAVI)

表 5 修复成效监测预算定额表(续)

序号	工程名称	计量单位	综合单价/元	备注
(三)	遥感解译报告编制	份	60 000	面积大于 400 km²,按 1.5 倍计;面积大于 800 km²,按 2.0 倍计
二	无人机监测			
(一)	正射摄影	km²	3 000	
(二)	倾斜摄影	km²	6 000	
(三)	无人机监测报告编制	份	35 000	面积大于 20 km²,按 1.2 倍计;面积大于 100 km²,按 1.5 倍计
三	人工监测			
(一)	植被长势监测	hm²	800	
(二)	生物多样性监测	hm²	1 200	
(三)	水质监测			满足 DZ/T 0287 要求
1	样品采集	件	425	包括样品采集器、容器、药品
2	样品测试			
(1)	简分析	件	380	
(2)	全分析	件	810	
(3)	重金属及有害元素分析			
	汞(Hg)	项	55	
	镉(Cd)	项	60	
	铬(Cr^{6+})	项	70	
	砷(As)	项	60	
	锑(Sb)	项	60	
	铅(Pb)	项	55	
	镍(Ni)	项	60	
	铜(Cu)	项	60	
	铁(Fe)	项	35	
(四)	水位监测	次	80	
(五)	生物样分析			
1	样品采集	件	220	
2	样品测试			
(1)	粮食作物(其中农残 4 项,重金属 8 项)	件	113	满足 GB 2715 要求
(2)	蔬菜作物(其中农残 4 项,重金属 8 项)	件	100	
(3)	植物(其中农残 4 项,重金属 8 项)	件	110	
(4)	动物毛发(其中农残 4 项,重金属 8 项)	件	128	
(六)	边坡稳定性监测			
1	地表形变自动监测点建设	点	3 500	

表 5 修复成效监测预算定额表(续)

序号	工程名称	计量单位	综合单价/元	备注
2	地下形变自动监测点建设	点	8 200	
3	形变自动监测点维护费	点/a	760	
4	形变自动监测点数据采集费	点/a	260	
(七)	土壤环境监测			
1	样品采集	件	320	
2	样品测试			
(1)	土壤水溶性盐分析			
	全盐量	项	50	
	碳酸根	项	67	
	重碳酸根	项	67	
	氯根	项	68	
	钙	项	67	
	镁	项	67	
	硫酸根	项	67	
	钾	项	67	
	钠	项	67	
	硝酸根	项	58	
	磷酸根	项	58	
	氟离子	项	73	
(2)	土壤微量元素和重金属分析			
	全锌	项	57	
	有效锌	项	66	
	全锰	项	57	
	有效锰	项	66	
	全铜	项	57	
	有效铜	项	66	
	全铁	项	54	
	有效铁	项	66	
	硒	项	31	
	氰	项	78	
	砷	项	140	
	镉	项	86	
	铬(六价)	项	136	
	锑	项	60	

表5 修复成效监测预算定额表(续)

序号	工程名称	计量单位	综合单价/元	备注
(八)	土壤质量监测			
1	有效土层厚度	点	3	
2	土壤容重	个	150	
3	土壤质地	个	160	
4	pH值	点	30	
5	氧化还原电位	个	52	
6	电导率	个	48	
(九)	土壤肥力监测			
1	有机质	项	60	
2	全氮	项	72	
3	碱解氮	项	94	
4	全磷	项	54	
5	速效磷	项	65	
6	全钾	项	54	
7	速效钾	项	66	
四	监测报告编制			
(一)	年度报告	份	120 000	
(二)	季度报告	份	60 000	
(三)	月度报告	份	20 000	

10 修复工程施工预算

10.1 预算测算方法

10.1.1 矿山生态修复工程施工预算先根据采用的施工方法计算单项预算,累计求和后再应用地区调整系数进行修正。

10.1.2 矿山生态修复工程施工预算测算,见以下公式:

$$Y = a \sum_{i=1}^{n}(Y_1 + Y_2 + Y_3 + \cdots + Y_n) \quad \cdots\cdots\cdots\cdots\cdots\cdots\cdots\cdots\cdots\cdots\cdots (1)$$

式中:

Y——矿山生态修复工程施工预算,单位为元;

Y_n——矿山生态修复工程单项施工预算,单位为元;

a——地区调整系数,无量纲。

10.2 地区调整系数

10.2.1 根据生态修复矿山分布地理位置、地形地貌、气候特征等,并结合当地用工成本、物价水平,测算矿山生态修复工程施工预算调整系数。

10.2.2 矿山生态修复工程施工预算地区调整系数，见表6。

表6 矿山生态修复工程施工预算地区调整系数表

序号	地区(城市)		地区调整系数	序号	地区(城市)		地区调整系数
1	北京	全市	1.18	21	湖北	武汉市	0.95
2	天津	全市	1.00			其他地区	0.86
3	河北	石家庄市	0.98	22	湖南	长沙市	0.95
		其他地区	0.87			其他地区	0.89
4	山西	太原市	0.96	23	广东	广州市、珠海市、佛山市、东莞市	1.12
		其他地区	0.82			其他地区	1.02
5	内蒙古	呼和浩特市	1.02	24	深圳	全市	1.12
		其他地区	0.87	25	广西	南宁市	1.00
6	辽宁	沈阳市	1.05			其他地区	0.86
		其他地区	0.96	26	海南	海口市、三亚市	1.02
7	大连	全市	1.00			其他地区	0.87
8	吉林	长春市、吉林市	1.05	27	重庆	9个中心城区、北部新区	1.05
		其他地区	0.92			其他地区	0.91
9	黑龙江	哈尔滨市、大庆市	1.10	28	四川	成都市	1.00
		其他地区	0.96			其他地区	0.94
10	上海	全市	1.10	29	贵州	贵阳市	1.06
11	江苏	南京市、苏州市、无锡市	1.04			其他地区	0.91
		其他地区	0.98	30	云南	昆明市	1.02
12	浙江	杭州市	1.02			其他地区	0.92
		其他地区	0.92	31	西藏	拉萨市	1.08
13	宁波	全市	0.98			其他地区	0.96
14	安徽	全省	0.95	32	陕西	西安市、榆林市	1.00
15	福建	福州市、泉州市	1.02			其他地区	0.87
		其他地区	0.90	33	甘肃	兰州市	1.00
16	厦门	全市	1.04			其他地区	0.92
17	江西	全省	0.93	34	青海	西宁市	1.01
18	山东	济南市	1.01			其他地区	0.76
		其他地区	0.82	35	宁夏	银川市	1.01
19	青岛	全市	1.00			其他地区	0.82
20	河南	郑州市	0.94	36	新疆	乌鲁木齐市	1.03
		其他地区	0.82			其他地区	0.91

11 间接费用预算

11.1 前期费用预算

11.1.1 前期费用预算包括项目可行性研究、设计方案编写、招投标等环节发生的费用,在项目总预算中按比例计提。

11.1.2 可行性研究费预算按项目总预算分段计提,见表7。具体工作包括开展实地踏勘、调查评价、问题识别等,编制项目实施方案,明确项目实施范围、修复目标、修复模式、技术措施、投资估算、实施保障等。项目实施方案编制参照《国土空间生态保护修复工程实施方案编制规程》(TD/T 1068)要求。

11.1.3 设计方案编制预算按项目总预算分段计提,见表8。具体工作包括开展项目实施场地勘测,编写工程设计书,细化项目实施区域拐点坐标、修复对象、技术手段、工程量、技术标准、项目预算、效益分析、绩效目标等。

11.1.4 招投标代理费按照《招标代理服务收费管理暂行办法(计价格〔2002〕1980号)》执行,见表9。依此标准,招投标代理费可上下浮动20%。

表7 可行性研究费预算表

项目总预算/万元	费率/%	算例	
		计费基础/万元	可行性研究费/万元
≤100	5.0	100	100×5.0%=5.00
100～500	2.5	500	5.00+(500-100)×2.5%=15.00
500～1 000	2.0	1 000	15.00+(1 000-500)×2.0%=25.00
1 000～5 000	1.0	5 000	25.00+(5 000-1 000)×1.0%=65.00
5 000～10 000	0.5	10 000	65.00+(10 000-5 000)×0.5%=90.00
10 000～100 000	0.1	100 000	90.00+(100 000-10 000)×0.1%=180.00
>100 000	0.05	200 000	180.00+(200 000-100 000)×0.05%=230.00

表8 设计方案编制费预算表

项目总预算/万元	费率/%	算例	
		计费基础/万元	设计方案编制费/万元
≤100	8.0	100	100×8.0%=8.00
100～500	6.0	500	8.00+(500-100)×6.0%=32.00
500～1 000	5.0	1 000	32.00+(1 000-500)×5.0%=57.00
1 000～5 000	3.0	5 000	57.00+(5 000-1 000)×3.0%=177.00
5 000～10 000	2.0	10 000	177.00+(10 000-5 000)×2.0%=277.00
10 000～100 000	0.3	100 000	277.00+(100 000-10 000)×0.3%=547.00
>100 000	0.1	200 000	547.00+(200 000-100 000)×0.1%=647.00

表 9　招标代理服务费预算表

标底金额/万元	费率/%	算例	
		计费基础/万元	招投标代理费/万元
≤100	1.0	100	100×1.0％=1.00
100～500	0.7	500	1.00+(500−100)×0.7％=3.80
500～1 000	0.55	1 000	3.80+(1 000−500)×0.55％=6.55
1 000～5 000	0.35	5 000	6.55+(5 000−1 000)×0.35％=20.55
5 000～10 000	0.2	10 000	20.55+(10 000−5 000)×0.2％=30.55
10 000～100 000	0.05	100 000	30.55+(100 000−10 000)×0.05％=75.55
>100 000	0.01	200 000	75.55+(200 000−100 000)×0.01％=85.55

注：按照本表费率计算的费用为招标代理服务全过程的收费基准价格，单独提供编制招标文件（有标底的含标底）服务的可按规定标准的30％计费。

11.2 中后期费用预算

11.2.1 中后期费用预算包括项目工程监理、竣工验收、业主管理、不可预见等环节发生的费用，在工程施工费（地质灾害危险消除费＋矿山污废水土处理费＋人工修复费＋自然修复辅助施工费）和项目总预算中按比例计提。

11.2.2 工程监理费预算按工程施工费预算分段计提，见表10。具体工作包括在施工阶段控制生态修复工程质量、造价、进度，对合同、信息进行管理，协调工程实施相关方的关系，并履行建设工程安全生产管理法定职责。

11.2.3 竣工验收费预算按工程施工费分段计提，见表11。具体工作包括工程验收、工程复核、项目决算编制及审计等。

11.2.4 业主管理费预算按项目总预算分段计提，见表12。包括项目管理人员的工资、补助工资、其他工资、职工福利费、公务费、业务招待费和其他费用等。

11.2.5 不可预见费预算按项目总预算分段计提，见表13。不可预见费是考虑项目施工期内可能发生的风险因素而导致的施工费用的增加，包括基本预备费和涨价预备费。

表 10　工程监理费预算表

工程施工费/万元	费率/%	算例	
		计费基础/万元	工程监理费/万元
≤100	4.0	100	100×4.0％=4.00
100～500	2.0	500	4.00+(500−100)×2.0％=12.00
500～1 000	1.8	1 000	12.00+(1 000−500)×1.8％=21.00
1 000～5 000	1.4	5 000	21.00+(5 000−1 000)×1.4％=77.00
5 000～10 000	1.0	10 000	77.00+(10 000−5 000)×1.0％=127.00
10 000～100 000	0.5	100 000	127.00+(100 000−10 000)×0.5％=577.00
>100 000	0.1	200 000	577.00+(200 000−100 000)×0.1％=677.00

表 11 竣工验收费预算表

工程施工费/万元	费率/%	算例	
		计费基础/万元	竣工验收费/万元
≤100	1.0	100	100×1.0%=1.00
100~500	0.8	500	1.00+(500−100)×0.8%=4.20
500~1 000	0.7	1 000	4.20+(1 000−500)×0.7%=7.70
1 000~5 000	0.09	5 000	7.70+(5 000−1 000)×0.09%=11.30
5 000~10 000	0.07	10 000	11.30+(10 000−5 000)×0.07%=14.80
10 000~100 000	0.005	100 000	14.80+(100 000−10 000)×0.005%=19.30
>100 000	0.003	200 000	19.30+(200 000−100 000)×0.003%=22.30

表 12 业主管理费预算表

项目总预算/万元	费率/%	算例	
		计费基础/万元	业主管理费/万元
≤100	2.0	100	100×2.0%=2.00
100~500	1.5	500	2.00+(500−100)×1.5%=8.00
500~1 000	1.0	1 000	8.00+(1 000−500)×1.0%=13.00
1 000~5 000	0.5	5 000	13.00+(5 000−1 000)×0.5%=33.00
5 000~10 000	0.3	10 000	33.00+(10 000−5 000)×0.3%=48.00
10 000~100 000	0.1	100 000	48.00+(100 000−10 000)×0.1%=138.00
>100 000	0.05	200 000	138.00+(200 000−100 000)×0.05%=188.00

表 13 不可预见费预算表

项目总预算/万元	费率/%	算例	
		计费基础/万元	不可预见费/万元
≤100	2.0	100	100×2.0%=2.00
100~500	1.5	500	2.00+(500−100)×1.5%=8.00
500~1 000	0.5	1 000	8.00+(1 000−500)×0.5%=10.50
1 000~5 000	0.3	5 000	10.50+(5 000−1 000)×0.3%=22.50
5 000~10 000	0.1	10 000	22.50+(10 000−5 000)×0.1%=27.50
10 000~100 000	0.05	100 000	27.50+(100 000−10 000)×0.05%=72.50
>100 000	0.025	200 000	72.50+(200 000−100 000)×0.025%=97.50